BEI GRIN MACHT SICH IHR WISSEN BEZAHLT

Carina Rappenhöner

Aus der Reihe: e-fellows.net schüler-wissen

e-fellows.net (Hrsg.)

Band 23

HPV-Impfung. Schutz vor Gebärmutterhalskrebs?!

GRIN Verlag

Bibliografische Information der Deutschen Nationalbibliothek:

Die Deutsche Bibliothek verzeichnet diese Publikation in der Deutschen National-
bibliografie; detaillierte bibliografische Daten sind im Internet über http://dnb.d-
nb.de/ abrufbar.

Impressum:

Copyright © 2011 GRIN Verlag GmbH
Druck und Bindung: Books on Demand GmbH, Norderstedt Germany
ISBN: 978-3-656-55146-1

Dieses Buch bei GRIN:

http://www.grin.com/de/e-book/264022/hpv-impfung-schutz-vor-gebaermutterhals-
krebs

GRIN - Your knowledge has value

Der GRIN Verlag publiziert seit 1998 wissenschaftliche Arbeiten von Studenten, Hochschullehrern und anderen Akademikern als eBook und gedrucktes Buch. Die Verlagswebsite www.grin.com ist die ideale Plattform zur Veröffentlichung von Hausarbeiten, Abschlussarbeiten, wissenschaftlichen Aufsätzen, Dissertationen und Fachbüchern.

Besuchen Sie uns im Internet:

http://www.grin.com/

http://www.facebook.com/grincom

http://www.twitter.com/grin_com

Immunbiologische Betrachtung der HPV – Impfung

Schutz vor Gebärmutterhalskrebs?

Man darf eine Impfung nicht nur in schwarz und weiß betrachten, sondern sollte die Graustufen erkennen:
Keine Impfung ist von vorneherein schlecht, genauso wenig wie eine immer gut ist.
Es geht darum den Nutzen gegen den Schaden abzuwägen.

Gymnasium Herkenrath

Facharbeit im

Leistungskurs Biologie/1

Schuljahr 2010/2011

vorgelegt von

Carina Rappenhöner

21.03.2011

Inhaltsverzeichnis

1 Einleitung

Diese Facharbeit thematisiert die Gebärmutterhalskrebsimpfung. Im ersten Teil werde ich einen Überblick über die Datenlage der Impfung gegen humane Papillomviren (HPV) geben. In dem folgenden Abschnitt wird die Funktion des Immunsystems in Bezug auf die Impfung betrachtet und der genaue Einfluss der HP-Viren auf die Entstehung von Gebärmutterhalskrebs dargelegt. Der Hauptteil meiner Facharbeit befasst sich mit der Argumentation der Vor- und Nachteile der Impfung. Die Ständige Impfkommission (STIKO)[1] hat eine Impfempfehlung ausgesprochen, doch viele Leute sehen dies kritisch. Welche Tatsachen und Argumente die jeweiligen Parteien zu ihrer Ansicht führen, möchte ich in dieser Facharbeit herausarbeiten. Für mich persönlich ist die Frage nach den Nutzen der Impfung besonders wichtig, da ich mit 16 Jahren zu der Altersgruppe der Mädchen gehöre, für die die Impfung empfohlen wird. Darüber hinaus werde ich zwei Interviews führen, um einen besseren Einblick in die biologischen Prozesse zu erhalten und eine direkte Meinung zu hören.

2.1 Daten, Fakten und Entstehung

Im Oktober 2006 erhielt Professor Harald zu Hausen einen Nobelpreis der Medizin[2], weil er erkannte, dass Gebärmutterhalskrebs durch eine Infektion mit Viren ausgelöst wird[3]. Diese Erkenntnis dient als Grundlage der HPV-Impfung. Seit dem Jahr 2006 ist der Impfstoff „Gardasil" (mehr s. 2.4.1) von der europäischen Arzneimittelbehörde für beide Geschlechter ab dem neunten Lebensjahr zugelassen[4]. Der Impfstoff „Cervarix" ist im Herbst des folgenden Jahres in Deutschland zugelassen worden[5]. Am 23. März 2007 empfahl die STIKO die HPV-Impfung für alle Mädchen im Alter von 12 bis 17 Jahren[6]. Für diese Altersgruppe übernehmen die gesetzlichen Krankenkassen die Kosten der Impfung (ca. 480 Euro[7]) und der Arztbesuche[8]. Das Ziel der STIKO ist eine Verrin-

---

1   Ständige Impfkommission; ein Gremium aus Fachleuten, das in Deutschland offizielle Impfempfehlungen ausspricht
2   Genauer: H. zu Hausen erhielt einen halben Nobelpreis, da die andere Hälfte an Francoise Barré-Sinoussi und Luc Montagnier ging
3   Vgl. Prof. Dr. Daniel C. Dreesmann (Hrsg.), U. Fehnker: Praxis der Naturwissenschaften - Biologie in der Schule. Eine Impfung gegen Krebs?. Heft Nr.6/59. September 2010. avd Aulis Verlag. Mainz. S. 19
    Künftig zitiert als: Praxis der Naturwissenschaften - Biologie in der Schule. 2010
4   Vgl. Dr. Sonntag, Ute (Hrsg.), Heft der BARMER GEK: Früherkennung von Gebärmutterhalskrebs/ HPV-Impfung. Bremen 2008. S.40
    Künftig zitiert als: BARMER GEK. 2008
5   Vgl. Arzneimitteltelegramm. 2007. Jg. 38. Nr.11. S.101
6   Vgl. Praxis der Naturwissenschaften - Biologie in der Schule 2010. S.23
7   Vgl. Von Lehm, Britta: HPV-Impfung im Zwielicht. 15.09.2009. Frankfurter Rundschau. S.2
8   Vgl. BARMER GEK 2008. S.40

gerung der Neuerkrankungen an Gebärmutterhalskrebs. Im November 2008 forderten 13 Ärzte[9] eine Neubewertung der HPV-Impfung durch die STIKO und ein Ende der irreführenden Informationen. Doch die STIKO kommt nach einer weiteren Betrachtung der Daten und unter Berücksichtigung der Kritik zu dem Fazit, dass die Impfung weiterhin empfehlenswert ist. Im Jahr 2010 wird die Impfempfehlung der europäischen Arzneimittelbehörde für Gardasil für Frauen bis 45 Jahre erweitert[10].

Die Grundimmunisierung selbst erfolgt durch drei Einzelimpfungen zu je 0,5ml in die Muskulatur des Oberarms oder des Oberschenkels innerhalb von 12 Monaten[11]. Die Impfung wird zwar für Jungen als sinnvoll angesehen, da auch sie die Viren bei einem Geschlechtsverkehr übertragen können und die Erfahrungen mit der Röteln-Impfung[12] zeigen, dass die Effektivität bei einer geschlechtsspezifischen Immunisierung gering ist[13], trotzdem ist die Impfung nicht im Impfkalender für Jungen vorhanden[14].

Der Impfstoff Gardasil immunisiert bei einer Infektion mit den HPV-Typen 16, 18, 11 und 6, während dies bei Cervarix lediglich die Typen 16 und 18 betrifft[15]. Die Hochrisikotypen HPV-16 und 18 gelten als Auslöser von 50% der schwergradigen Krebsvorstufen und 70% der Gebärmutterhalskrebse. Mittlerweile ist es auch erwiesen, dass diese Typen der Papillomviren zu der Entstehung von Anal-, Vulva-, Penis- und einigen Oropharynxkarzinomen beitragen. Die Niedrigrisikotypen HPV-6 und 11 sind an 90% der Erkrankungen mit Genitalwarzen verantwortlich[16]. Jährlich besuchen 55.000 Patienten einen Arzt auf Grund von Genitalwarzen[17]. In Deutschland erkranken jedes Jahr 6.200 Frauen an Gebärmutterhalskrebs und 1.600 von diesen sterben[18].

Bestenfalls findet die Impfung vor dem ersten Geschlechtsverkehr statt, da circa 80% der sexuell aktiven Frauen[19] bereits mit HP-Viren infiziert sind und somit bereits körpereigene Antikörper gebildet haben. Diese Mädchen werden auch geimpft, da man nicht weiß, mit welchen HPV-Typen das Mädchen in Kontakt war und so ein sicherer

---

9 auf einer Internetseite der Universität Bochum wurde die Forderung veröffentlicht
10 Vgl. Bericht der GlaxoSmithKline: Impfen gegen HPV. März 2010
11 Vgl. Informationsheft von SanofiPasteur MSD GmbH: Empfehlungen und Einschätzungen. Experten und Patientinnen zur HPV-Impfung. S.1
12 Hier wurden 25 Jahre lang nur Frauen geimpft
13 Vgl. Praxis der Naturwissenschaften - Biologie in der Schule 2010. S.23
14 Flyer; Dr. Eva Schindele, Prof. Dr. Ingrid Mühlhauser, Magret Heider (Hrsg.), unterstützt von der BARMER GEK: HPV-Impfung...was bringt das?. 2. veränderte Auflage. Juli 2009
15 Vgl. Arzneimitteltelegramm. 2007. Jg. 38. Nr.11. S. 101
16 Vgl. Prof. Dr. Singer, Albert und Dr. Jordan, Joseph (Hrsg.): HPV und HPV-Impfstoffe: Mythen und Missverständnisse. SW Health Ltd, London, Großbritannien. 2008. S.18
17 Vgl. Informationsheft von SanofiPasteur MSD GmbH: Empfehlungen und Einschätzungen. Experten und Patientinnen zur HPV-Impfung. S.3
18 ebenda. S.4. Zitat von Prof. Dr. Ernst Rainer Weissenbacher
19 ebenda. S.4

Schutz vor den HPV-Typen 6, 11, 16 und 18 besteht[20]. Menschen, die eine Allergie gegen einen der Inhaltsstoffe der Impfung aufweisen, bei denen eine Blutungsanomalie[21] (= Menstruationsstörungen) oder Schwangerschaft besteht, deren Immunsystem stark gestört ist oder die eine akute Erkrankung mit Fieber über 37,8°C haben, sollten nicht geimpft werden[22].

2.2 Immunsystem

2.2.1 Aufbau

Der Aufbau unseres Immunsystems spielt eine entscheidende Rolle bei der Wirkung der Gebärmutterhalskrebsimpfung. Es unterscheidet zwischen *Fremd* und *Selbst* und kann somit Fremdkörper erkennen und durch eine Immunantwort aus dem Organismus entfernen. Das sogenannte unspezifische Immunsystem ist angeboren und schützt von Geburt an. Es spürt Krankheitserreger innerhalb von wenigen Stunden auf. Im Blut zirkulierende Zellen, die Monozyten, sind Vorläufer der Makrophagen. Sie werden auch als „Fresszellen" oder fachsprachlich als Phagozyten bezeichnet[23] und dienen der Beseitigung der Krankheitserreger. Im Laufe des Lebens entwickelt sich das spezifische Immunsystem, das Moleküle entwickelt, die spezifische Antigene erkennen können (s. auch 2.2.2). Im Gegensatz zum unspezifischen Immunsystem ist dieses System antigenspezifisch[24] und braucht vier bis sieben Tage bis es zu einer Immunantwort kommt.

Darüber hinaus sind verschiedene Organe und Zellsysteme am Aufbau des Immunsystems beteiligt. Diese zum Immunsystem gehörenden Organe werden als lymphatische Organe bezeichnet und in zwei Gruppen eingeteilt. Zum einem gibt es die primären lymphatischen Organe, zum Beispiel das Knochenmark und der Thymus. Zum anderen gibt es die peripheren, sekundären lymphatischen Organe (z.B. Lymphknoten, die Milz, der Lunge, weiterer Schleimhäute). Die von den primären lymphatischen Organen gebildeten Lymphozyten (= weiße Blutkörperchen)gelangen über das Blut zu den sekundären Organen[25].

---

20 Vgl. Prof. Dr. Singer, Albert und Dr. Jordan, Joseph (Hrsg.): HPV und HPV-Impfstoffe: Mythen und Missverständnisse. SW Health Ltd, London, Großbritannien. 2008. S.16
21 Vgl. Bericht der GlaxoSmithKline: Impfen gegen HPV. März 2010
22 Vgl. Bericht von GlaxoSmithKline. Anhang I - Zusammenfassung der Merkmale des Arzneimittels. S.4/5; Vgl. Bericht von SanofiPasteur MSD GmbH: Fachinformation (Zusammenfassung der Merkmale des Arzneimittels). September 2008. S.1/2
23 Informationen des Biologieheftes der Klasse 9c. 15.08.2008-13.03.2009
24 Antigen: Fremdsubstanz, auf dessen Auftreten als Reaktion Antikörper gebildet werden
25 Vgl. Omneda, Medizin & Gesundheit: Allgemeines zum Aufbau des Immunsystems

2.2.2 spezifisches Immunsystem

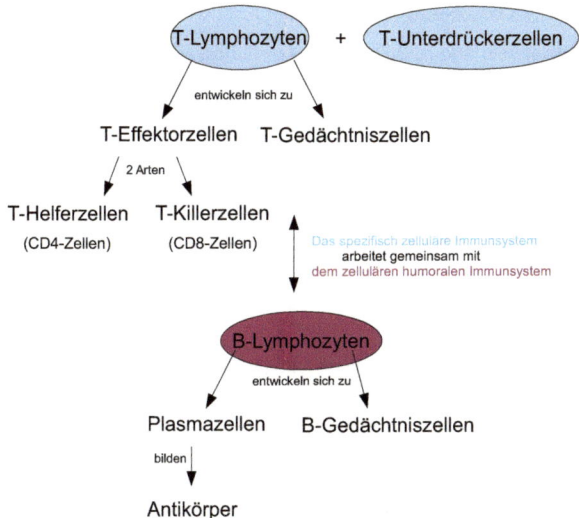

Zum Verständnis der Wirkung der Impfung ist eine genauere Betrachtung des spezifischen Immunsystems notwendig. Man bezeichnet dieses auch als das erworbene, adaptive Immunsystem.

In dem oben dargestellten Schaubild erkennt man, dass es zwei Arten von dem spezifischen Immunsystem gibt, das spezifisch zelluläre und das spezifisch humorale Immunsystem. Obwohl die zwei Systeme als selbständige Organismen arbeiten, kann ein sichere Schutz vor Krankheiten nur funktionieren, wenn beide Systeme funktionstüchtig sind und miteinander arbeiten. Andernfalls spricht man von einer Immundefizienz.

Das spezifisch zelluläre Immunsystem wird durch Lymphozyten vermittelt. Aus diesen weißen Blutkörperchen besteht etwa ein viertel des Blutes. Doch 98% der Lymphozyten befinden sich in den lymphatischen Organen. Die Lebensdauer dieser Immunzellen beträgt zehn Tage bis hin zu mehreren Jahren. In dem Schaubild sind die verschiedenen Typen von Lymphozyten dargestellt. 70 - 80 % aller Lymphozyten im Blut sind T-Lymphozyten, die zwischen körpereigenen und körperfremden Strukturen unterscheiden können. Antigene, die in eine Körperzelle gelangen, werden von dieser in Fragmente zerlegt. Jedes Fragment wird von speziellen Molekülen, den MHC1-Proteinen gebunden und auf der Oberfläche der befallenen Zelle präsentiert.[26] Ein an der Oberfläche der T-

26 Vgl. Grüne Reihe – Genetik. 2007. S.189

Lymphozyten befindlicher T-Zell-Rezeptor kann ein Antigenfragment mittels des Schlüssel-Schloss-Prinzips erkennen. Die T-Lymphozyten entwickeln sich zu T-Effektorzellen, die in zwei Klassen eingeteilt werden. Diese werden auch als zelluläre Determinanten (CD) bezeichnet und heißen aus diesem Grund auch CD4 und CD8. Die CD8-Zellen sind sogenannte T-Killerzellen, die wie der Name sagt, die durch den Virus infizierten Zellen durch Lyse[27] „killen", wodurch die Virusvermehrung eingeschränkt wird und die Infektion ein Ende findet. Die zweite Klasse der T-Effektorzellen, die CD4-Zellen, stellen besondere Signalproteine her, die Cytokine[28]. Diese Proteinfaktoren steigern die Aktivität der CD8-Zellen und werden für eine wirksame Antikörperproduktion gebraucht, weshalb sie auch als T-Helferzellen bezeichnet werden. Darüber hinaus können sich die T-Lymphozyten auch zu längerweiligen T-Gedächtniszellen entwickeln. Sie erkennen den gleichen Fremdkörper bei einer erneuten Infektion wieder und führen zu einer verstärkten Immunantwort. Neben den T-Lymphozyten gibt es noch T-Suppressorzellen[29], die die Aktivierung des Immunsystems unterdrücken können, um eine Immunantwort gegen körpereigene Stoffe zu verhindern. So werden Autoimmunkrankheiten verhindert.

Das spezifisch humorale Immunsystem baut auf der Wirkung der B-Lymphozyten[30], die ca. 15% aller Lymphozyten im Blut ausmachen, auf. Die B-Zellen nehmen Antigene durch Endocytose auf und zerlegen sie in mehrere Fragmente. An den MHC2-Proteinen der B-Zellen werden die Fragmente den T-Helferzellen dargeboten. Diese produzieren nun Cytokine, wodurch die B-Zellen in Plasmazellen umgewandelt werden. Die Plasmazellen leben etwa zwei bis der Tage und bilden Antikörper, die nach dem Schlüssel-Schloss-Prinzip mit dem Fremdkörper verklumpen[31]. Einige Plasmazellen entwickeln sich zu B-Gedächtniszellen, die kovalente[32] Antikörper in kurzer Zeit bilden, so dass eine schnelle Immunantwort möglich ist[33]. Genau diese Wirkung der Gedächtniszellen macht man sich bei der Impfung zu Nutzen.

---

27 Stellt allgemein den Zerfall einer Zelle durch Auflösung der Zellmembran dar; Zelltod
28 Vgl. Grüne Reihe – Genetik. 2007. S.189
29 Unterdrückerzellen
30 Die Bezeichnung B-Zelle stammt von dem Bildungsort in der Bursa Fabricii bei Vögeln
31 Informationen über das spezifische Immunsystem: Vgl. Omneda, Medizin & Gesundheit: Allgemeines zum Aufbau des Immunsystems 31.Oktober 2010; Informationen des Biologieheftes der Klasse 9c. 15.08.2008-13.03.2009
32 d.h. über das Schlüssel-Schloss-Prinzip an den Fremdkörper passenden
33 Vgl. Grüne Reihe – Genetik. 2007. S. 186

2.2.3 Wirkung der Impfung

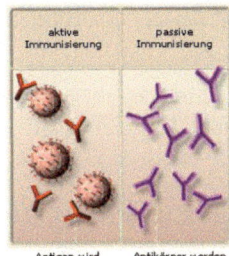

Allgemein lässt sich sagen, dass Impfungen vor vielen Infektionskrankheiten schützen, wie zum Beispiel Masern, Kinderlähmung, Pocken und unter anderem auch vor einer Erkrankung durch eine Infektion mit den humanen Papillomviren. Man unterscheidet zwei Arten von Impfungen, die passive und die aktive Immunisierung[34]

Abb. 1 aktive und passive
   Immunisierung

Bei der passiven Immunisierung (s. Abb.1 rechte Spalte) werden Antikörper gegen ein spezifisches Antigen injiziert. Diese Impfung bietet meist nur einen Schutz für wenige Monate. Ein Vorteil dieser Variante ist, dass die Immunantwort zeitlich verbessert wird.

Bei der aktiven Immunisierung (s. Abb.1 linke Spalte) wird eine geringe Menge eines lebenden, abgeschwächten oder toten Erregers in den Organismus injiziert. Dadurch kann es zu einer leichten Erkrankung kommen. Der wünschenswerte Langzeitschutz der Impfung beruht auf der Wirkung des spezifischen Immunsystems. Dieses erkennt den Fremdkörper nach einer gewissen Zeit und bildet daraufhin eigene Antikörper gegen die abgeschwächte Form des Antigens. Je nach Erregertyp hält diese Immunisierung einige Monate bis mehrere Jahre an[35].

Die HPV-Impfung zählt zu denen der aktiven Immunisierung. Im Impfstoff enthalten sind biotechnologisch hergestellte L1-Proteine, die die Capsidhülle der HP-Viren 6, 11, 16 und 18 bilden. Diese lagern sich zu Virus-like-particles (engl. virusartige Partikel) zusammen[36]. Die L1 Proteine werden bei Gardasil von Hefezellen und bei Cervarix von Insektenzellen hergestellt[37]. Allerdings ist keine virale DNA im Impfstoff vorhanden, sodass keine Zellen infiziert und keine Proliferation oder Erkrankung hervorgerufen werden können. Die T-Lymphozyten des spezifischen Immunsystems erkennen das Hülleneiweiß als einen Fremdkörper und lösen im menschlichen Organismus eine Immunantwort aus. Die gebildeten Antikörper können den abgeschwächten Erreger nach einigen Tagen vernichten. Die T-Gedächtniszellen erkennen einen der HPV-Typen bei einer

---

34 Unempfindlichkeit gegen Krankheitserreger durch eine Impfung
35 Vgl. Omneda, Medizin & Gesundheit: Schutzimpfungen. 5.August 2010
36 Vgl. Praxis der Naturwissenschaften Biologie in der Schule.2010. S.23
37 Vgl. Arzneimitteltelegramm. 2007. Jg. 38. Nr.11. S. 101

„richtigen" Infektion und eine unmittelbare Immunantwort ist möglich, so dass die Viren vernichtet werden, bevor sie ihre DNA in das Genom der Zellen des Genitalbereiches einschleusen können[38].

2.3 Gebärmutterhalskrebs

2.3.1 Papillomviren

Die sogenannten humanen Papillomviren spielen eine entscheidende Rolle bei der Entstehung von Zervixkarzinomen.

Schon vor mehr als 50 Jahren hat man den genaueren Aufbau der Viren untersucht. Die Papillomviren enthalten eine doppelsträngige, ringförmige DNA, die um Nukleosomen gewickelt ist. Diese setzten sich aus in der Zelle enthaltenen Histonen zusammen. Im Vergleich zu anderen Viren-DNA ist die der Papillomviren mit ungefähr 8000 Nukleotiden relativ groß. Die Sequenz der Nukleotide unterscheidet sich innerhalb der über 100 verschieden Arten von HP–Viren[39], die Forscher bis zum heutigen Zeitpunkt entdeckt haben[40].

Wenn diese Viren in die Epithelzellen der Haut oder der Schleimhäute eindringen, kann ein unkontrolliertes Wachstum eines Tumors hervorgerufen werden. Diese sind jedoch meistens benigne (= gutartige) Tumore[41], wie zum Beispiel Warzen. Sie schaden dem Körper nicht schwerwiegend und können nach kurzer Zeit von einem Arzt entfernt werden[42]. Durch Infektionen mit anderen Papillomviren können auch maligne (bösartige) Tumore entstehen. Insgesamt führen 40 HPV–Typen zu Infektionen an der Haut oder Schleimhaut im Genitalbereich[43]. Die Typen 16, 18, 31, 33, 35, 39, 45, 51, 52, 56, 58, 59 und 66 werden als krebserregend eingestuft[44]. Es gibt zwei Gruppen von HPV–Typen. Zum einen die Niedrigrisiko- und zum anderen die Hochrisikotypen. Bei 99,7% aller Fälle von Zervixkarzinomen sind die Hochrisikotypen identifiziert wurden[45]. Papillomviren werden hauptsächlich über Hautkontakt bei ungeschütztem sexual Verkehr oder über kleinste Hautverletzungen übertragen. Die Infektion bleibt oft unbemerkt und

38 Vgl. Praxis der Naturwissenschaften - Biologie in der Schule. 2010. S.23
39 Vgl. Dr. Sonntag, Ute (Hrsg.), Heft der BARMER GEK:„Früherkennung von Gebärmutterhalskrebs/ HPV-Impfung". Bremen.2008 S. 12
40 Vgl. Levine, J. Arnold: Viren-Diebe, Mörder und Piraten". 35. Band der Bibliothek von Spektrum akademischer Verlag; 1991. S.123
   Künftig zitiert als: Viren-Diebe, Mörder und Piraten 1991
41 Vgl. Praxis der Naturwissenschften - Biologie in der Schule. S.22
42 Vgl. BARMER GEK. 2008. S.13
43 ebenda S. 12
44 Vgl. Sauer, Anne-Kathrin. Humanes Papillomavirus. FSBio Hannover. März 2007
45 Vgl. Praxis der Naturwissenschaften - Biologie in der Schule. 2010. S.22

in vielen Fällen schafft es das eigene Immunsystem die Infektion zu heilen[46]. Die Viren können auch über mehrere Jahre inaktiv bleiben. Vorsorgeuntersuchungen haben gezeigt, dass bis zu einem Viertel der getesteten Frauen unter 30 Jahren mit HP–Viren infiziert sind[47]. Allerdings muss man beachten, dass Untersuchungen, wie der HPV-Test, nur ein ungenaues Ergebnis liefern[48]. Ein Schutz mit Kondomen beim sexual Verkehr ist wichtig, um einer Infektion vorzubeugen[49]. Gerade Männer sind sich einer Infektion nicht bewusst, da bei ihnen keine Untersuchungen stattfinden, doch sie können die Viren unbemerkt auf Ihren Geschlechtspartner übertragen[50].

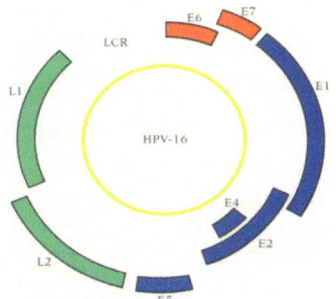

Abb. 2 Chromosomenkarte
von HPV-16[51]

Auf dieser Chromosomenkarte von HPV-16 sieht man sechs der acht frühen Genen (E1 bis E8; rot) und zwei späte Strukturgene (L1 und L2; grün). In vielen der von HPV verursachten Tumoren werden die Gene E6 und E7 aktiv transkribiert, sodass man die synthetisierten Proteine nachweisen kann. Man vermutete, dass diese Proteine die Onkogenprodukte sein könnten. Als man E6 und E7 in normale Kulturen von menschlichen primären Zellen der Vorhaut brachte, beobachtete man, dass die Zellen transformierte Eigenschaften zeigten (s. 2.3.2). Dieses Ergebnis verstärkte die Vermutung. Die Fähigkeit zur Transformation von Zellen wurde nach Mutationen in E6 oder E7 zerstört[52]. Interessant war außerdem, dass die Basensequenz von E6 und E7 sowie die zugehörigen Proteine der Hochrisikotypen HPV-16, -18 und -33 sich deutlich von den entsprechenden Strukturen der Niedrigrisikotypen HPV-6 und -11 unterscheiden.

Vor weniger als 40 Jahren erkannte man, dass die Gene E6 und E7 von HPV-18 auch

---

46 Flyer von Greiner Bio-One GmbH: Endlich. Klarheit statt Vermutungen
47 Vgl. Praxis der Naturwissenschaften – Biologie i der Schule. 2010. S.22/23
48 Vgl. Heft der BARMER GEK. 2008. S.23
49 Flyer; Dr. Eva Schindele, Prof. Dr. Ingrid Mühlhauser, Magret Heider Hrsg.) unterstützt von der
   BARMER: HPV-Impfung...was bringt das?. 2. veränderte Auflage. Juli 2009
50 Vgl. Praxis der Naturwissenschaften - Biologie in der Schule. 2010. S.24
51 Vgl. Viren-Diebe, Mörder und Piraten. 1991. S.124
52 ebenda. S.123

nach vier Jahrzehnten der Zellkultur noch in den HeLa-Zellen[53] vorhanden waren und exprimiert wurden. Diese transformierte Krebszelllinie ist auch noch nach jahrelanger Zellkultur auf ihren Virusparasiten und die Expression der Proteine E6 und E7 angewiesen. Wenn man die Virusonkogene in den Zellen inaktiviert, so werden die Proteine nicht mehr synthetisiert und die Zellen stellen ihren Wachstum ein[54].

Heute weiß man, dass die Papillomviren zu den temperenten Viren[55] zählen, da sie ihre virale DNA in die chromosomale DNA der Wirtszelle integrieren[56]. Man bezeichnet ihren Vermehrungszyklus als lysogen. Bei diesem wird das Virusgenom nach der extrazellulären Phase (= Der Verbreitungsphase[57]) nicht sofort aktiv, sondern baut sich an einer bestimmten Stelle mit Hilfe von Ligasen oder Restriktionsenzymen in das Wirtsgenom ein. Nun wird der Provirus vor jeder Zellteilung zusammen mit der Wirts-DNA repliziert und an die Tochterzellen weitergegeben[58] (intrazelluläre Phase[59]). Erst bei der durch bestimmte Umweltbedingungen hervorgerufenen Induktion verlässt der Provirus die Zelle und wird lytisch[60].

---

53 Die HeLa-Zelle ist eine abgeleitete und immortalisierte Zelllinie einer Zelle, die wiederum aus einem
    bestimmten Zevixkarzinom von einer Frau namens Henriette Lacks in Gewebekulturen gezüchtet
    wurde
54 Vgl. Viren-Diebe, Mörder und Piraten. 1991. S.124
55 Vgl. Grüne Reihe – Genetik. 2007. S.100
56 Vgl. AB 20: Krebs. DNA Tumorviren. Molekulargenetik im Biologie LK 12.1. Frau Schneeloch
57 Vgl. Praxis der Naturwissenschaften - Biologie in der Schule. 2010. S.22
58 Vgl. Grüne Reihe – Genetik. 2010. S.100
59 Vgl. Praxis der Naturwissenschaften - Biologie in der Schule. 2010. S.22
60 Vgl. AB: Bakterien und Viren. aus Biologie LK 12.1. Frau Schneeloch

2.3.2 Eigenschaften von Tumorzellen

Abb.3

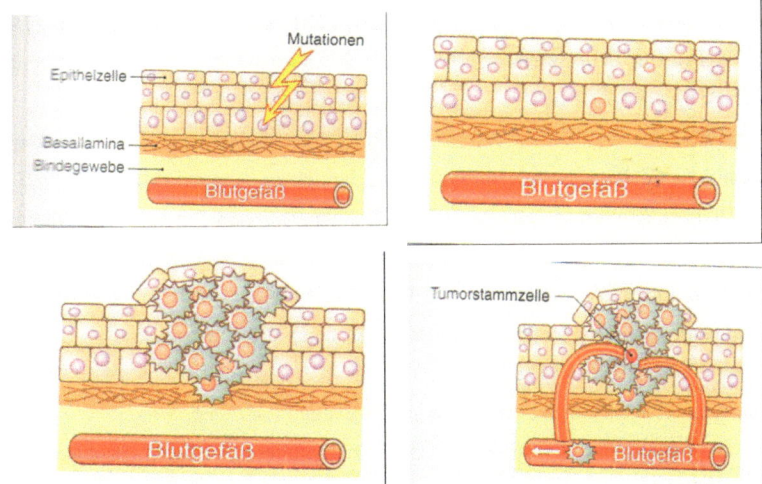

Oben links (3.1); Oben rechts (3.2); Unten links (3.3); unten rechts (3.4)

Im Vergleich zu gesunden Zellen weisen Tumorzellen veränderte Eigenschaften auf. Sie sind immortalisiert, d.h sie sind „potenziell unsterblich", wie zum Beispiel die HeLa-Zelllinie (s. 2.2.2), und nicht kontaktinhibiert. So können sie gesundes Gewebe verdrängen, einander überwachsen und einen Fokus bilden. In einem Anfangsstadium von Krebs vermehrt sich eine Zelle ungehemmt und das betroffene Gewebe vergrößert sich, weil ein weiteres Merkmal von Tumorzellen der Verlust der Zellteilung ist (s. Abb. 3.3). In diesem Fall spricht man von einem benignen Tumor, da er seinem Ursprungsgewebe ähnelt und sich aus dem Bereich, in dem er sich entwickelt hat, nicht fortbewegen kann. Die Versorgung des Tumors mit Nährstoffen und Sauerstoff ermöglicht die sogenannte Angiogenese (s. Abb. 3.4). Bei einem Verlust der Positionskontrolle vermehren sich die Tumorzellen weiter und ein Primärtumor entsteht. Die Zellen können über die Blut- oder Lymphbahnen in andere Organe oder Gewebe eindringen. Dort können sie sich als Metastasen (= Tochtergeschwülste) vermehren. In diesem Stadium spricht man von einem malignen Tumor.[61]

2.3.3 Wirkung der Viren

Die Krebsentstehung ist durch verschiedenen Faktoren bedingt. Die alleinige Infektion

---

61 Vgl. Praxis der Naturwissenschaften - Biologie in der Schule. 2010. S.20/21

mit humanen Papillomviren reicht meistens nicht aus, um einen malignen (= bösartigen) Tumor entstehen zu lassen[62].

Es ist sinnvoll die Gründe für die unkontrollierten Zellteilung zu betrachten. Folgende Informationen sind dem Bericht von Anne-Kathrin Sauer der FSBio Hannover entnommen[63].

Spontane und physikalische Mutationen gelten als Verursacher von einer übermäßigen Proliferation (= Zellwachstum). Bei spontanen Mutationen können Fehler bei der DNA-Replikation zu Punktmutationen oder Rasterschubmutationen führen. Physikalischen Mutationen können durch Mutagene, wie zum Beispiel Röntgen- oder UV-Strahlen, Hitze etc., Insertionen oder Deletionen von Basen herbeiführen (Abb. 2 zeigt eine durch eine Mutation veränderte Zelle)[64]. Diese Veränderungen der Basensequenz können Einflüsse auf die Genexpression haben.

Protoonkogene sind zelluläre Gene, die für Proteinprodukte, die normalerweise Zellwachstum, Teilung und Zusammenhalt von Zellen regulieren, codieren. Prinzipiell fördern Onkogene das Zellwachstum, dabei stehen sie in einem ausbalancierten Kontrollsystem mit den Tumorsuppressor-Genen, die das Zellwachstum generell unterdrücken. Bei einer Mutation in den Protoonkogenen kommt es zu einer Umwandlung in Onkogene, so dass ungewöhnlich viele Onkogene entstehen. Die natürliche Balance zwischen den Onkogenen und Tumorsuppressor-Genen besteht nicht mehr und in Folge dessen würden sich die Zellen stark vermehren.

Genauer gesagt können drei weitere Mutationsereignisse zu einer Umwandlung in ein Onkogen führen. Bei der Genamplifikation werden bestimmte Bereiche der DNA durch die Polymerase-Kettenreaktion (PCR) vervielfältigt. Es kann zu einem Überschuss am codierten Produkt kommen. Dies kann auch bei der Translokation und der Transposition geschehen. Bei der Translokation bei malignen Zellen sind Chromosomenabschnitte abgebrochen und haben sich einen neuen Platz an einem anderen Chromosom gesucht (Crossing-over). Ist in dem translokierten Chromosomenabschnitt nun ein Protoonkogen vorhanden, so kann es sein, dass das aus dem Protoonkogen codierte Produkt vermehrt auftritt, falls der Chromosomenabschnitt unter die Kontrolle eines besonders aktiven Promotors[65] fällt. Darüber hinaus kann es auch hier zu der Umwandlung in ein Onkogen kommen. Bei der Transposition kann ein Transposon ein Protoonkogen an einen beson-

---

62 Vgl. AB 20: Krebs. DNA Tumorviren. Molekulargenetik im Biologie LK 12.1. bei Schneeloch, Annika
63 Vgl. Sauer, Anne-Kathrin. Humanes Papillomavirus. FSBio Hannover. März 2007
64 Vgl. AB 14: Mutagene. Molekulargenetik. Leistungskurs Biologie 12.1. bei Schneeloch, Annika
65 Ansatzstelle für DNA-Polymerase und damit Starter der Genexpression

ders aktiven Chromosomen-Abschnitt bringen oder eine besonders aktive Chromoso-menregion stromaufwärts vor das Protoonkogen setzen.

Das Protein p53 veranlasst normalerweise zu einer Apoptose[66], um ein unkontrolliertes Zellwachstum zu vermeiden. In diesem Fall entsteht kein Tumor. Wenn der Organismus jedoch mit den humanen Papillomviren infiziert ist, entsteht häufig Krebs. Zum Ver-ständnis ist eine genauere Betrachtung der Papillomviren notwendig.

Papillomviren besitzen wie alle Viren keinen eigenen Stoffwechselweg und haben auch nicht die Möglichkeit ihr Genom selbst zu replizieren. Deswegen nutzen die HP Viren die Replikationsmaschinerie der Wirtszelle. In der sogenannten Synthese(S)-Phase fin-det die Replikation der DNA bei einer menschlichen Zelle statt. Die Phosphorylierung des Genproduktes (ein DNA bindendes Protein) des Retinoblastoma-Protein (Rb; ein Tumorsuppressorgen) wird durch cdk4 (aus dem engl. Cyclin-dependent Kinase 4) aus-gelöst und führt zu der Freisetzung des Transkriptionsfaktor E2F, durch welches die Zelle in die S-Phase übergeht. Das Protein p53 kann diesen Prozess steuern, indem es das cdk4/Cycling D Komplex inhibiert[67]. Liegt eine Inhibition vor so, so kann cdk4 die Phosphorylierung des Rb Produktes nicht hervorrufen; E2F wird nicht freigesetzt und der Zellzyklus verharrt in dem G_1-Stadium. Die Papillomviren überführen die Wirtszelle in die S-Phase, indem das von dem viralen Gen E7 codierte Produkt Rb bindet und da-mit aktiviert, so dass E2F freigesetzt wird und die S-Phase eingeleitet wird.

Unter normalen Bedingungen würde die Zelle würde durch das exprimierte Protein p53 zur Apoptose gezwungen werden, doch das aus dem viralen Gen E6 codierte Produkt bindet an p53. Dadurch wird dieses funktionsuntüchtig und die Apoptose der befallenen Zelle wird verhindert. Die Zelle kann sich ungehemmt proliferieren. Durch die Inhibiti-on kann außerdem die durch eine mögliche Neumutationen entstandene Umwandlung von Protoonkogen in Onkogen nicht durch p53 repariert werden. Bemerkenswert ist, dass durch die Integration des Virusgenoms der Leserahmen beschädigt wird, so dass die chromosomalen Gene E6 und E7 vermehrt abgelesen werden[68]. Hinzu kommt noch, dass auch weitere Kontrollpunkte im Zellzyklus, die die Replikation der Wirtszellen der Viren überwachen, ausgeschaltet werden wenn die viralenGene abgelesen werden[69].

Die Zelle kann sich unbegrenzt teilen und ein Karzinom (=ständig wachsende Wuche-rung) entwickelt sich. Das Krebsrisiko wird durch Rauchen, Stress, ungesunde Ernäh-

---

66 Selbstmord der Zelle
67 Aus der Enzymatik; gleichbedeutend mit hemmen
68 Vgl. AB 20: Krebs. DNA Tumorviren. Molekulargenetik im Biologie LK 12.1. bei Schneeloch, Annika
69 Vgl. Praxis der Naturwissenschaften - Biologie in der Schule. 2010. S.23

rung oder zusätzliche Infektionen geschwächtes Immunsystem gesteigert[70].

2.4.3 Nebenwirkungen

Die Nebenwirkungen der Vakzine kann man in folgender selbst erstellter Tabelle erkennen[71].

Nebenwirkungen	Gardasil	Cervarix
Sehr häufig (>10%)	Fieber, Hautrötungen, Schmerz, Blutergussund Schwellung an der Injektionsstelle	Kopfschmerzen, Myalgie, Schmerzen, Müdigkeit, Rötung und Schwellung an der Injektionsstelle
Häufig (>1%, <10%)	Atemwegs-, Brustraum-, Mittelfellerkrankungen, Blutung und Juckreiz an der Injektionsstelle	gastrointestinale Symptome, Übelkeit, Erbrechen, Durchfall, Bauchschmerzen, Gelenk-, Muskelschmerz, Fieber (>38°C), Juckreiz, Hautausschlag, Nesselsucht
Gelegentlich (>0,1%, <1%)	Übelkeit, Erbrechen, allergischen Reaktionen, Schwindel, Bewusstseinsverlust, Überempfindlichkeitsreaktionen, wie Atembeschwerden	Infektionen der oberen Atemwege und Schwindel
Selten (>0,01%, <0,1%)	Nesselsucht	geschwollene Lymphdrüsen, allergische Reaktionen
Sehr selten (<0,01%)	Bronchialkrämpfe, geschwollene Lymphdrüsen, Immunthrombozytopenie, Guillain-Barré-Syndrom, Kopfschmerzen, Abgeschlagenheit, Schüttelfrost, Müdigkeit, Unwohlsein	Synkopen (= Ohnmachtsanfälle), tonisch-klonische Bewegungen (=unkoordinierte Bewegungen)

2.5 Die kritische Würdigung

Prof. Dr. Peter Hillemanns, Direktor der Frauenklinik der Medizinischen Hochschule Hannover, sagt:„Die HPV-Impfung ermöglicht eine sehr gute Prävention von Gebärmutterhalskrebs, zumindest in den Fällen, wo er durch die HPV-Typen 16 und 18 verursacht wird. [...] Erfreulicherweise hat die HPV-Impfung keine besonderen Nebenwirkungen."[72] Die Psychologin und Landesfrauenbeauftragte in Bremen, Ulrike

---

70 Vgl. Praxis der Naturwissenschaften - Biologie in der Schule. 2010. S.23
71 Vgl. GlaxoSmithKline: Impfen gegen HPV; vgl. Bericht von GlaxoSmithKline: Anhang I-Zusammenfassung der Merkmale des Arzneimittels. S. 5/6; vgl. Bericht von SanofiPasteur MSD GmbH: Fachinformation (Zusammenfassung der Merkmale des Arzneimittels). September 2008. S.2; vgl. Prof. Dr. Singer, Albert und Dr. Jordan, Joseph (Hrsg.): HPV und HPV-Impfstoffe: Mythen und Missverständnisse. SW Health Ltd, London, Großbritannien. 2008. S. 20; vgl. Bericht der GlaxoSmithKline: Impfen gegen HPV. März 2010; vgl. Omneda, Medizin & Gesundheit: Nebenwirkungen der HPV-Impfung
72 Vgl. BARMER GEK. 2008. S.40

Hauffe, behauptet hingegen:„Ich befürchte, dass vor allem die Angst machende Botschaft „Sex macht Krebs"bei Jugendlichen hängen bleibt […] Mütter fühlen sich unter Druck gesetzt, ihre Mädchen rechtzeitig zur Impfung zu schicken, obwohl es noch viele offene Fragen zur Wirksamkeit der Impfung gibt."[73]

Die Pro und Kontra Argumente der HPV-Impfung, die die jeweiligen Parteien zu ihrer Meinung veranlassen, werden in dem folgenden Abschnitt dargestellt.

Die STIKO hält die Impfung nach einer Betrachtung aller Daten für empfehlenswert[74]. Doch auch sie weist auf die noch offenen Fragen hin und fordert weitere wissenschaftliche Studien zu den Nutzen und den Risiken der Impfung[75]. Die STIKO wird stark kritisiert, da sie die erste Impfempfehlung aussprach, bevor entscheidende Daten zum Schutz vor Zervixkazinom veröffentlicht worden waren[76]. Die Erfahrungen mit der Schweinegrippe haben gezeigt, dass die Pharmaindustrie viel zu schnell Impfstoffe produziert, die vielleicht nicht genügend getestet sind[77]. Wenn man nun bedenkt, dass auch Vertreter der Pharmaindustrie Mitglieder der STIKO sind, so stellt sich die Frage, in wie Fern eine finanzielle Verbesserung der Pharmaindustrie bei der frühzeitigen Empfehlung der Impfung eine Rolle gespielt hat. Darüber hinaus wurde der damalige Vorsitzende der STIKO, Heinz-Josef Schmitt vier Monate[78] vor der Impfempfehlung mit einem 10.000 Euro dosierten Preis des Gardasil Herstellers ausgezeichnet[79]. Genaue Gründe für seinen Austritt aus der STIKO kurz nach der Veröffentlichung der Empfehlung[80] sind nicht bekannt.

Dem Epidemiologische Bulletin zu Folge, bewerte die STIKO nur nach den Schäden der Impfung und nicht nach den Nutzen[81]. Auch das Arzneimittelgesetz verlangt nur den Nachweis der Unbedenklichkeit[82]. Alle bisher veröffentlichten Studien zeigen, dass die Nebenwirkungen der HPV-Impfung mit denen von anderen Impfungen vergleichbar

---

73 ebenda S.41
74 Vgl. Broschüre von SnofiPasteur MSD: Es gibt eine Impfung zur Vorbeugung von Gebärmutterhalskrebs. Sie können ihre Tochter schützen
75 Vgl. GlaxoSmithKline: Impfen gegen HPV
76 Vgl. Praxis der Naturwissenschaften – Biologie in der Schule. 2010. S.23
77 ebenda. S. 20
78 Vgl. Prof. Dr. Glaeske, Gerd: Nutzen der HPV-Impfung?. Vortrag bei der Tagung in Bremen „Die HPV-Impfung". Universität Bremen. 19.12.2008
   Künftig zitiert als: Prof. Dr. Glaeske. 2008
79 Vgl. Gräber, René: Gebärmutterhalskrebs mehr als umstritten. Heilpraktiker und Gesundheitspädagoge. 08. November 2008
   Künftig zitiert als: Gräber. 2008
80 Vgl. Prof. Dr. Gerd Glaeske. 2008
81 Vgl. Anmerkung durch Mühlhauser, I.: Impfung gegen HPV-Aktuelle Bewertung der STIKO. Epidemiologisches Bulletin 2009. Nr.32
82 Vgl. Prof. Dr. Gerd Glaeske. 2008. S.15

sind[83]. So sieht die STIKO die Impfung als sicher an. Für eine nötige Nutzen-Kosten-Bilanz fehlen der STIKO nach eigener Aussage jedoch die nötigen Ressourcen. Die Kosten-Nutzen-Bewertung aus Österreich und Dänemark viel negativ aus. Die Deutsche Bewertung sei nur dann positiv, wenn keine Auffrischimpfung nötig sei[84]. Doch die Impfung sei bereits in 19 europäischen Staaten empfohlen worden und die Nutzen-Kosten-Analyse sei positiv ausgefallen[85].

Die Altersbeschränkung der STIKO auf die 12 bis 17 jährigen Mädchen ist insofern schlüssig, als dass die Impfung vor dem ersten Geschlechtsverkehr stattfinden soll[86], doch genau diese Altersgruppe wurde in den meisten Studien nicht berücksichtigt. Bei Studien der 9-15-jährgen ist die Wirkung der Impfung nur an den vorhandenen Antikörpern im Blut gemessen wurden[87]. Doch dass Antikörper nicht zwanghaft etwas mit dem Schutz vor Krankheiten zu tun haben und nur zeigen, dass der Organismus mit dem Erreger Kontakt hatte, behauptete Anita Petek-Dimmer[88] [89]. Damit sei die Wirkung der Impfung nicht sicher erwiesen. Zwischen der Infektion mit einem humanen Papillomvirus und dem Auftreten von Gebärmutterhalskrebs liegen 10 bis 20 Jahre[90]. Zum einen könne so der tatsächliche Nutzen der Impfung nach den bisher 5-7 Jahre lang laufenden Studien noch gar nicht erwiesen sein und zum anderen können frühe Krebsstadien durch die sekundäre Krebsprävention rechtzeitig entdeckt und behandelt werden[91]. Studien weisen ebenfalls daraufhin, dass Dysplasien häufiger als erwartet durch andere HPV-Typen verursacht verursacht werden, da in der Placebogruppe 14% mehr als erwartet Dysplasien hatten[92].

Die Autoren des im Jahr 2009 erschienen HTA[93]-Berichtes sehen die Wirksamkeit der HPV-Impfung gegen Krebsvorstufen des Gebärmutterhalses als erwiesen an und bringen schwere Nebenwirkungen nicht mit der Impfung in Verbindung[94]. Für Stefan, Barbara und Julia Soriat müssen solche Aussagen enttäuschend sein. Sie sind Angehörige

83 Vgl. Susan Bagdach
84 Vgl. Anmerkung durch Mühlhauser, I.: Impfung gegen HPV-Aktuelle Bewertung der STIKO. Epidemiologisches Bulletin 2009. Nr.32
85 Vgl. Epidemiologisches Bulletin. Nr.32; Robert-Koch-Institut. 10. August 2009. S.326
86 Vgl. Empfehlung und Einschätzung-Experten und Patientinnen zur HPV-Impfung. S.9. Zitat von Dr. med. Burhard Ruppert
87 Vgl. BARMER GEK. 2008. S. 43
88 Anita Petek-Dimmer gehört zu den profiliertesten Impfkritikern im deutschsprachigen Raum; sie ist Mitbegründerin von AEGIS Schweiz, einem Verein von Impfgegnern, der auch eine eigene Zeitschrift herausgibt
89 Vgl. Petek-Dimmer. 2011
90 Vgl. BARMER GEK. 2008. S. 13
91 Vgl. Gräber. 2008
92 Prof. Dr. Gerd Glaeske; 2008; S.18
93 Health Technology Assessment Test
94 Vgl. Internet GlaxoSmithKline: Impfen gegen HPV

der im Oktober 2010 19jährigen Verstorbenen Jasmin Soriat, nachdem diese im August des selben Jahres die erste Dosis der HPV-Impfung bekam. Ihre Todesursache ist Atemnot im Schlaf. Obwohl dies eine seltene Nebenwirkung der Impfung ist, sehen Fachleute keinen direkten Zusammenhang zwischen ihrem Tod und der Impfung. In dem veröffentlichten Bericht der Eltern ist die E-Mail eines Arztes aus der gynäkologischen Abteilung zitiert. Dieser schreibt:„Ich würde sie gerne unterstützen, habe aber einen „Maulkorb" für öffentliche Auftritte. [...] und [ich] mich für den Zustand in Österreich schäme."[95]. Es ist fraglich, in wie Fern es diese E-Mail tatsächlich gab, doch nachdem Frau Susan Bagdach dieses Gefühl des „unterdrückt Seins durch die Pharmaindustrie" in einem Interview[96] bestätigte, stellt sich für mich die Frage, nach der Vertrauenswürdigkeit in unser Gesundheitssystem. So wäre es auch sehr schädlich für die finanzielle Lage der Hersteller von Gardasil und Cervarix, die mit den Einnahmen durch den Verkauf der Impfstoffe rechnen, wenn die Mehrzahl der Bevölkerung die Impfung ablehnen würde. Anstelle einer genaueren Aufklärung über die HPV-Impfung wird Werbung mit dem Titel „Impfschutz vor Gebärmutterhalskrebs"[97] gemacht. Es ist dabei nicht erstaunlich, dass diese Hefte teilweise von dem Hersteller SanofiPasteur MSD stammen. Prof. Dr. Gerd Glaeske, Susan Bagdach, Dr. Eva Schindele und Prof. Dr. Ingrid Mühlhauser[98] bezeichnen Aussagen dieser Art als Fehlinformationen.[99]. Außerdem wird den Bürgern vermittelt, dass Gebärmutterhalskrebs die zweit häufigste Krebserkrankung der Frauen in Deutschland sei[100]. Doch Ansgar Gerhardus behauptet, dass von 100 Verstorbenen im Jahr 2005 40 an Brustkrebs, 26 an Lungenkrebs und nur 4 an Gebärmutterhalskrebs gestorben seien[101]. Das Krebsforschungszentrum in Heidelberg teilt sogar mit, dass nur 1,7% aller Krebstodesfälle auf den Gebärmutterhalskrebs zurück zuführen seien[102]. Viele Mütter haben das Gefühl ihre Töchter impfen lassen zu müssen. Informationen zu Nebenwirkungen und die Lücken in veröffentlichten Studien werden dabei häufig nicht beachtet. Sie sehen nur den großen „Pluspunkt" der Impfung - die Möglichkeit, ihre

95 Vgl. Bericht von Stefan und Barbara Soriat: Tod unserer Tochter nach der vom
   Gesundheitsministerium viel beworbenen Impfung gegen Gebärmutterhalskrebs (HPV-Impfung).
   2007
96 Vertreterin des Frauengesundheitszentrums Köln mit Spezialisierung auf die HPV-Impfung; Interview
   fand am 23.02.2011 statt
97 Vgl. Flyer von SanofiPasteur MSD: Die Chancen Nutzen: Impfschutz vor Gebärmutterhalskrebs.
   tellsomeone.de
98 Vgl. Flyer; Dr. Eva Schindele, Prof. Dr. Ingrid Mühlhauser, Magret Heider (Hrsg.), unterstützt von
   der BARMER GEK: HPV-Impfung...was bringt das?. 2. veränderte Auflage. Juli 2009
99 Vgl. Prof. Dr. Gerd Glaeske. 2008. S.15
100 Vgl. Broschüre von SnofiPasteur MSD: Es gibt eine Impfung zur Vorbeugung von
    Gebärmutterhalskrebs. Sie können ihre Tochter schützen.
101 Vgl. Gerhardus;Ansgar: Gebärmutterhalskrebs-Wie wirksam ist die HPV-Impfung?. Medizin-Report
102 Vgl. Gräber. 2008

Töchter vor Gebärmutterhalskrebs zu schützen.

Viele der auftretenden Krebsfälle könnten vermieden werden, wenn Frauen ab 20 regelmäßig zum PAP[103]-Abstrich beim Frauenarzt gehen würden[104]. Nur 50% der Frauen halten dies ein[105]. Auch Susan Bagdach ist der Meinung, dass der Staat mehr Geld in die Aufklärung von jungen Menschen investieren sollte. Weitere Krebsfälle könnten durch die Verwendung von Kondomen, eine gesunde Lebensweise und eine bessere Genitalreinigung[106].

Folgende noch unbekannte Aspekte gelten als Hauptkritikpunkte der Impfung[107] [108] [109]. Die Dauer, Intensität und Notwendigkeit einer Auffrischimpfung[110]; Die Wahl der Zielpopulation (12 Jahre zu spät? Erster Geschlechtsverkehr könnte bereits stattgefunden haben; Wirkung auf pubertierende Mädchen?); Beleg der Wirksamkeit; Möglichkeit eines HPV-Drift/ Replacement-Phänomen (Experten vermuten, dass sich andere bisher seltene Hochrisikoerreger vermehrt ausbreiten und unerwartet Aggressiv sind[111]); Teilnahme an der Impfung; Wirkung der genetischen Veränderung auf unsere Nachkommen[112]; Einfluss auf die Wahrnehmung und Qualität der Sekundärprävention; bisher unbekannte Risiken; Impfung auch für Jungen?; Einfluss auf die Verhinderung von CIN2+, unabhängig vom HPV-Typ.

Prof. Dr. Gerd Glaeske[113] sieht ein weiteres zukünftiges Problem in der finanziellen Belastung für das Gesundheitssystem. So wurden von November 2007 bis Oktober 2008 1,22 Millionen Packungen Gardasil und 17 Tausend Packungen Cervarix verkauft. Der Industrieumsatz an Gardasil betrüge 217 Millionen Euro. Insgesamt fallen 364,4 Millionen Euro Belastung für das Gesundheitssystem an. Für Marketing und Vertrieb des Impfstoffes seien ca. 30 bis 40 Millionen Euro ausgegeben wurden. Das Gesundheitssystem sei gezwungen gewesen dem Druck der Medien, der Bevölkerung, der Politik und der Pharmaindustrie nachzugeben[114]. Trotzdem sollte hier auch erwähnt werden,

103 Nach dem Erfinder George Papanicolaou benannt; bezeichnet einen Zellabstrich vom Muttermund der Frau, um Entzündungen, Krebsvorstufen und Zervixkarzinome nachweisen zu können
104 Vgl. BARMER GEK. 2008. S.16
105 Vgl. Praxis der Naturwissenschaften – Biologie in der Schule. 2010. S.24
106 Susan Bagdach sagt, dass Frauen von beschnittenen Männern viel seltener Gebärmutterhalskrebs haben, da bei ihnen die Ansteckungsgefahr geringer ist
107 Vgl. Klug S.J., Hense H.-W., Giersiepen K., Jöckel K.-H., Schmidt-Prokrazywniak A., Stange A., Zeeb H.,: HPV-Impfung-Notwendigkeit der Begleitforschung und Evaluation. Zeitschrift für Evidenz, Fortbildung und Qualität im Gesundheitswesen; Heft 4/2009
108 Vgl. Prof. Dr. Gerd Glaeske. 2008
109 Vgl. Epidemiologisches Bulletin. Nr.32. Robert-Koch-Institut. 10. August 2009
110 Vgl. Praxis der Naturwissenschaften – Biologie in der Schule. 2010. S.23
111 Vgl. BARMER GEK. 2008. S.42
112 Vgl. Petek-Dimmer. 2011
113 Vgl. Prof. Dr. Glaeske.2010. S. 16
114 ebenda. S.18

dass von den 40 Millionen verabreichten Dosen an Gardasil kein erhöhtes Auftreten von schweren Impfkomplikationen oder bleibenden Impfschäden dokumentiert wurden[115].

Ein besonders kritischer Aspekt für Anita Petek-Dimmer sind die Auswertungen der veröffentlichten Studien. In einer Studie von SanofiPasteur nahmen 552 Frauen teil. Veröffentlicht wurde ein Ergebnis, das eine 100% Wirksamkeit zeigt. Untergegangen sei jedoch, dass Dr. Louisa Villa betonte, dass längerfristige Daten erforderlich seien, um die Wirkung der Impfung zu belegen[116]. Bei dieser Studie erkrankten in der Placebogruppe sechs Frauen und in der Gardasil-Gruppe niemand. Vor der Impfung wurde jedoch kein HPV-Screening durchgeführt, so dass auch HPV positive Frauen aufgenommen wurden. Also ist es möglich dass Frauen, die in die Placebogruppe kamen vorher schon infiziert waren und dann nachträglich daraus der Schluss der Wirksamkeit von 100% gezogen wurde.

Anita Petek-Dimmer geht sogar soweit, dass sie behauptet, die humanen Papillomviren seien gar nicht Hauptauslöser von Gebärmutterhalskrebs. Im Jahr 1992 kritisierten dies auch Molekularbiologen der Universität Berkley in Kalifornien. Sie stellten fest, „dass es ein Mangel an übereinstimmenden HPV-Genexpressionen in den Tumoren gab, die positiv auf HPV getestet waren". Ihrer Meinung nach führen seltene spontane und chemische bedingte Chromosomen-Anomalitäten zur Krebserkrankung, da sich anormal teilende Krebszellen anfälliger für eine Infektion sind[117]. Damit wären Viren die Indikatoren und nicht die Ursache einer Zellwucherung[118]. .

Eine andere Studie zeigt, dass mittelschwere und schwere Zellveränderungen am Gebärmutterhals bei den Geimpften auch nur zu 20% seltener auftraten als bei den nicht geimpften (Gasland, 2007; FUTURE II, 2007)[119].

Für die Impfung spricht, dass Experten eine Kreuzprotektion erwarten[120]. Dadurch könnten geimpfte Frauen auf Grund von der engen Verwandtschaft der verschiedenen HPV-Typen auch vor nicht im Impfstoff enthaltenen HPV-Typen geschützt sein[121]. Außerdem hoffen sie mit der Impfung Frauen nach einer überstandenen HPV-Infektion oder Behandlung von Krebsvorstufen vor einer erneuten Infektion schützen zu können,

---

115 Vgl. Epidemiologisches Bulletin. Nr.32. Robert-Koch-Institut. 10. August 2009. S.325
116 Vgl. ÄrzteZeitung 17.5.2005
117 Vgl. Regush N: Red Flags Weekly. 2002
118 Vgl. Petek-Dimmer. 2011
119 Vgl. BARMER GEK. 2008. S.42
120 Vgl. Epidemiologisches Bulletin. Nr.32. Robert-Koch-Institut. 10. August 2009. S.325
121 Vgl. Prof. Albert Singer und Dr. Joseph A. Jordan: HPV und HPV-Impfstoffe: Mythen und Missverständnisse. S.6

da die Impfung zu einer stärkeren Immunantwort als das Immunsystem führt[122]. Prof. Dr. Glaeske hingegen betont, dass die Impfung keinen therapeutischen Effekt bei schon infizierten Frauen habe[123].

Das Fazit dieser Würdigung ist, dass die Entdeckung der HPV-Impfung wahrhaftig ein Meilenstein in der Krebsforschung ist, doch dass Langzeitstudien und Beobachtungen der Geimpften äußerst wichtig sind, um die noch offenen Fragen zu beantworten.

3. Schluss

Alles in allem hat man im letzten Teil dieser Facharbeit die vielzahl an Argumenten für und gegen eine Impfung gesehen. Eine allgemeine Empfehlung möchte ich an dieser Stelle nicht aussprechen, da sich jeder eine individuelle Meinung bilden sollte. Doch von hoher Bedeutung ist dabei, dass das ökonomische Interesse nicht über der Gesundheit der Bevölkerung stehen darf!

Ich persönlich habe einen Teil meiner Ziele dieser Facharbeit bereits erreicht, denn ich habe mich nach einer gründlichen Abwägung der Argumente gegen die Impfung entschieden. Die Hauptgründe sind, dass ich nicht eines der vielen „Versuchskaninchen" sein möchte und zum anderen denke, dass die Impfung nicht nötig ist, wenn man an der jährlichen Gebärmutterhalskrebsprävention teilnimmt und auf eine gesunde Art und Weise lebt. Außerdem bin ich familiär nicht vorbelastet.

Bei der Suche nach Informationen über die Impfung habe ich viele Quellen entdeckt. Besonders die Häufigkeit von kritischen Seiten im Internet hat mich überrascht. Resümierend lässt sich sagen, dass überwiegend „normale" Leute kritische Einwände verfassen und Ärzte die Impfung im allgemeinen empfehlen.

---

122 Vgl. Arzneimitteltelegramm. Jg. 38. Nr.11. 2007. S.101
123 Vgl. Prof. Dr. Glaeske. 2008. S.16

Literaturverzeichnis

Prof. Dr. Baron, Diethart, Dr. Braun, Jürgen u.a. (Hrsg.): Grüne Reihe – Genetik. Schroedel. 2007

Arzneimitteltelegramm. 2007. Jg. 38. Nr.11

Von Lehm, Britta: HPV-Impfung im Zwielicht. 15.09.2009. Frankfurter Rundschau

Bericht der GlaxoSmithKline: Impfen gegen HPV. März 2010

Bericht von GlaxoSmithKline. „Anhang I - Zusammenfassung der Merkmale des Arzneimittels"

Arzneimitteltelegramm. 2007. Jg. 38. Nr.11

Informationen des Biologieheftes der Klasse 9c. 15.08.2008-13.03.2009

AB 20: Krebs. DNA Tumorviren. Molekulargenetik im Biologie LK 12.1

AB: Bakterien und Viren. aus Biologie LK 12.1. Frau Schneeloch

Sauer, Anne-Kathrin. Humanes Papillomavirus. FSBio Hannover. März 2007

AB 14: Mutagene. Molekulargenetik. Leistungskurs Biologie 12.1 bei Frau Schneeloch

Petek-Dimmer, Anita: HPV-Impfung. veröffentlicht auf der Internetseite Aegis.de.
   7.02.2011

Prof. Dr. Glaeske, Gerd: Nutzen der HPV-Impfung?. Vortrag bei der Tagung in Bremen „Die HPV-Impfung". Universität Bremen. 19.12.2008

Bericht von SanofiPasteur MSD GmbH. Fachinformation (Zusammenfassung der Merkmale des Arzneimittels). September 2008

Anmerkung durch Mühlhauser, I.: Impfung gegen HPV-Aktuelle Bewertung der STIKO. Robert-Koch-Institut.Epidemiologisches Bulletin 2009. Nr.32

Epidemiologisches Bulletin. Nr.32; Robert-Koch-Institut. 10. August 2009

Gerhardus;Ansgar: Gebärmutterhalskrebs-Wie wirksam ist die HPV-Impfung?. Medizin-Report

Klug S.J., Hense H.-W., Giersiepen K., Jöckel K.-H., Schmidt-Prokrazywniak A., Stange A., Zeeb H.;: HPV-Impfung-Notwendigkeit der Begleitforschung und Evaluation. Zeitschrift für Evidenz, Fortbildung und Qualität im Gesundheitswesen; Heft 4/2009

Arzneimitteltelegramm. Jg. 38. Nr.11. 2007

Levine, J. Arnold: Viren-Diebe, Mörder und Piraten". 35. Band der Bibliothek von Spektrum akademischer Verlag; 1991

Broschüren:

Greiner Bio-One GmbH: Nicht nach Bauchgefühl – was Frauen über Gebärmutterhals-krebs wissen sollten. Frickenhausen Juni 2007

Dr. Sonntag, Ute (Hrsg.), Heft der BARMER GEK: Früherkennung von Gebärmutter-halskrebs/ HPV-Impfung. Bremen.2008 S. 40

Flyer von SanofiPasteur MSD: Die Chancen Nutzen: Impfschutz vor Gebärmutterhals-krebs. tellsomeone.de

Flyer; Dr. Eva Schindele, Prof. Dr. Ingrid Mühlhauser, Magret Heider (Hrsg.), unter-stützt von der BARMER GEK: HPV-Impfung...was bringt das?. 2. veränderte Auflage. Juli 2009

Broschüre Dr. Eva Schindele, Prof. Dr. Ingrid Mühlhauser, Magret Heider (Hrsg.), un-terstützt von der BARMER GEK: HPV-Impfung...was bringt das?. 2. veränderte Auf-lage. Juli 2009

SanofiPasteur MSD GmbH: Empfehlungen und Einschätzungen. Experten und Patien-tinnen zur HPV-Impfung

Prof. Dr. Singer, Albert und Dr. Jordan, Joseph (Hrsg.): HPV und HPV-Impfstoffe: My-then und Missverständnisse. SW Health Ltd, London, Großbritannien

Flyer von Greiner Bio-One GmbH: Endlich. Klarheit statt Vermutungen

SnofiPasteur MSD: Es gibt eine Impfung zur Vorbeugung von Gebärmutterhalskrebs. Sie können ihre Tochter schützen

Begriffserklärungen stammen aus Dem Brockhaus unter der redaktionellen Leitung von Dr. Annette Zwahr. Verlag F.a. Brockhaus GmbH

. Sonderausgabe für den Weltbildverlag GmbH. Augsburg. 2005

Internet:

Arznei -telegramm. November 2007. In: http://www.arznei-telegramm.de/html/2007 11/0711101_01.html; am 12.02.2011; am 27.02.2011

Aufbau des Immunsystems. In:

http://www.onmeda.de/lexika/anatomie/aufbau_immunsystem.html; am 17.01.2011

Bericht von Stefan und Barbara Soriat. Tod unserer Tochter nach der vom Gesundheits-ministerium viel beworbenen Impfung gegen Gebärmutterhalskrebs (HPV-Impfung). 2007. In: http://www.initiative.cc/Artikel/2008_01_13%20hpv_jasmin.PDF; am 10.01.2011

Biokurs. Das Immunsystem. In: http://www.biokurs.de/skripten/13/bs13-9.htm; am 19.02.2011

Biokurs. Definition Immunisierung. In: http://www.biokurs.de/skripten/12/bs12-55.htm

Biologie Lexikon. Difinero. Definition von Lyse. In: http://www.definero.de/Lexikon/Lyse+%28Medizin%29; 14.02.2011

Bio-Sicherheit. Definition Pathogen. Bundesministerium für Bildung und Forschung. In: http://www.biosicherheit.de/lexikon/728.pathogen.html; am 12.02.2011

Die spezifische Immunabwehr. In: http://www.onmeda.de/lexika/anatomie/aufbau_immunsystem-spezifische-immunabwehr-3762-3.html; am 17.01.2011

GlaxoSmithKline: Anhang I – Zusammenfassung der Merkmale des Arzneimittels. In: http://www.ema.europa.eu/docs/de_DE/document_library/EPAR_Product_Information/human/000721/WC500024632.pdf; am 05.02.2011

Gräber, René: Gebärmutterhalskrebs mehr als umstritten. Heilpraktiker und Gesundheitspädagoge. 08. November 2008. In: http://naturheilt.com/blog/impfung-gegen-gebarmutterhalskrebs-mehr-als-umstritten/; am 27.02.2011

Kompaktlexikon der Biologie. Definition Genamplifikation. In: http://www.wissenschaft-online.de/abo/lexikon/biok/4673; am 27.02.2011

Netdoktor: Lymphozyten. In: http://www.netdoktor.de/Diagnostik+Behandlungen/Laborwerte/Lymphozyten-1341.html; am 25.01.2011

Prof. Gabbert. 12.10.2010. Krebsentstehung – Was ist Krebs? In:http://www.krebsgesellschaft.de/krebsentstehung,11266.html; am 09.03.2011

Sauer, Anne-Kathrin. Humanes Papillomavirus. Bericht der FSBio Hannover. In: http://www.fsbio-hannover.de/oftheweek/224.htm; am 23.02.20111

SanofiPasteur. Fachinformation (Zusammenfassung der Merkmale des Arzneimittels). In: http://www.impfschaden.info/Fachinfo/gardasil-sanofi-pasteur-msd-2006-09-20.pdf; am 08.03.2011

September 2006. In: http://www.impfschaden.info/Fachinfo/gardasil-sanofi-pasteur-msd-2006-09-20.pdf;am 21.02.2011

Vortrag von Prof. Dr. Glaeske anlässlich der Tagung. Die HPV-Impfung. Veranstalter: Profamilia Bundesverband. 19.12.2008. In: http://www.zes.unibremen.de/GAZESse/200901/Glaeske._Nutzen_der_HPV-Impfung.Hannover19.pdf; am 14.01.2011

Wikipedia: T-Lymphozyt. In: http://de.wikipedia.org/wiki/B-Lymphozyt#B-Zell-Typen; am 30.01.2011

Bildquellen:

Deckblatt In: http://www.taz.de/uploads/hp_taz_img/xl/impfung.jpg

Abb.1 In: http://www.ilo.at/images/texte/ImpfungVergleichb.jpg

Abb. 2 entnommen aus „Praxis der Naturwissenschaften Biologie in der Schule". S.21

Abb. 3   Levine, J. Arnold: Viren-Diebe, Mörder und Piraten". 35. Band der Bibliothek von Spektrum akademischer Verlag; 1991. S.124